ISBN 978-3-662-24583-5 ISBN 978-3-662-26734-9 (eBook)
DOI 10.1007/978-3-662-26734-9

Die in den Sitzungsberichten Abtlg. I und Abtlg. IIa der math.-nat. Klasse der Österr. Ak. d. Wiss. erscheinenden Abhandlungen werden auch einzeln abgegeben. Sie können durch jede Buchhandlung oder direkt durch die Auslieferungsstelle der Österreichischen Akademie der Wissenschaften (Wien I, Singerstraße 12) bezogen werden.

Nachfolgende Abhandlungen aus dem Fache **Botanik** (Biologie) sind erschienen:

1953 (S I Bd. 162):

Loub W.: Zur Algenflora der Lungauer Moore (mit 3 Textabbildungen). S 22.90
Wimmer Ch., und Höfler K.: Über die Eigenfluoreszenz lebender, absterbender und toter Florideenzellen (mit 3 Textabbildungen). S 9.60
Diskus A.: Vom Osmoseverhalten halophiler Euglenen vom Neusiedler See (mit 3 Tafeln). S 8.50

1954 (S I Bd. 163):

Kiermayer O.: Die Vakuolen der Desmidiaceen, ihr Verhalten bei Vitalfärbe- und Zentrifugierungsversuchen (mit 23 Textabbildungen), 48 Seiten. S 32.30
Loub W., Url W., Kiermayer O., Diskus A., und Hilmbauer K.: Die Algenzonierung in Mooren des österreichischen Alpengebietes (mit 1 Textabbildung und 3 Tafeln), 48 Seiten. S 26.70
Luhan Maria: Zur Wurzelanatomie unserer Alpenpflanzen III. Gentianaceae (mit 4 Textabbildungen und 1 Tafel), 19 Seiten. S 14.90
Poelt J.: Moosgesellschaften im Alpenvorland I (mit 3 Textabbildungen), 34 Seiten. S 15.10
Poelt J.: Moosgesellschaften im Alpenvorland II (mit 1 Textabbildung), 45 Seiten. S 26.50
Scheidl W.: Auslösung von Vakuolenkontraktion durch undissoziierte Basen (mit 12 Textabbildungen und 15 Diagrammen), 44 Seiten. S 28.—
Schiller J.: Über Cyanophyceen aus kleinen künstlichen Wasserbecken und aus dem Ruster Kanal des Neusiedler Sees (mit 17 Textabbildungen [49 Einzelbilder]), 31 Seiten. S 23.40

1955 (S I Bd. 164):

Hölzl J.: Über Streuung der Transpirationswerte bei verschiedenen Blättern einer Pflanze und bei artgleichen Pflanzen eines Bestandes (mit 8 Textabbildungen). S 40.—
Huber Elfriede: Vitalfärbungsversuche an Hochmooralgen mit leeren und vollen Zellsäften (mit 13 Abbildungen auf 3 Tafeln). S 36.40
Kiermayer O.: Über die Reduktion basischer Vitalfarbstoffe in pflanzlichen Vakuolen (mit 4 Tafeln und 1 Farbtafel). S 25.20
Loub W.: Algenbiozönosen des Neusiedler Sees (mit 9 Textabbildungen). S 22.—
Url W.: Resistenz von Desmidiaceen gegen Schwermetallsalze (mit 8 Abbildungen auf 2 Tafeln). S 23.—
Ziegler Annemarie: Die blau fluoreszierenden Idioblasten der Scrophulariaceen: Morphologie, Mikrochemie und Vitalfärbbarkeit (mit 19 Abbildungen im Text und auf 3 Tafeln). S 46.90

1956 (S I Bd. 165):

Abel W. O.: Die Austrocknungsresistenz der Laubmoose (mit 14 Abbildungen im Text und auf 5 Tafeln). S 73.30
Fetzmann Elsa Leonore: Beitrag zur Algensoziologie (mit 8 Textabbildungen, 4 Tafeln und 1 Beilage). S 73.60
Lenk Ingeborg: Vergleichende Permeabilitätsstudien an Süßwasseralgen (Zygnemataceen und einige Chlorophyceen) (mit 7 Textabbildungen). S 83.60
Sperlich A.: Die Fortpflanzungstüchtigkeit (Phyletische Potenz) des Fremdbefruchters. Nach Versuchen mit drei Formen des Alectorolohus hirsutus (Lam.) Alb. S 58.90

1957 (S I Bd. 166):

Politis J.: Über die „Tanninoplasten" oder Gerbstoffbildner der Crassulaceae (mit 2 Textabbildungen und 1 Tafel). S 6.—
Politis J.: Über einen neuen Pflanzenfarbstoff in den Blüten einiger Verbascum-Arten (mit 2 Tafeln). S 5.20
Übeleis Ilse: Osmotischer Wert, Zucker- und Harnstoffpermeabilität einiger Diatomeen (mit 1 Textabbildung). S 30.40

1958 (S I Bd. 167):

Höfler Karl: Permeabilitätsstudien an Parenchymzellen der Blattrippe von Blechnum spicant (mit 5 Textabbildungen). S 45.—
Rechinger K. H., Dulfer H. und Patzak A.: Sirjaevii fragmenta astragalogica IV. S 38.10
Url Walter: Zur Wirkung der Atmungsgifte Natriumazid und Dinitrophenol auf die Permeabilität von Blechnum spicant-Zellen (mit 3 Textabbildungen). S 25.—
Wawrik Friederike: Hochgebirgs-Kleingewässer im Arlberggebiet III (mit 3 Textabbildungen und 1 Tafel). S 18.90

Algen-Kleingesellschaften des Salzlachengebietes am Neusiedler See I

Von Karl Höfler und Elsa Leonore Fetzmann

(Aus dem Pflanzenphysiologischen Institut der Universität Wien)

Mit 1 Tafel

(Vorgelegt in der Sitzung am 19. März 1959)

Inhalt.

Einleitung.

Die algologische Erforschung des Neusiedler Sees und seines Gebietes geht auf Anregungen Siegfried Stockmayers[1] zurück. Dieser hielt 1922 in der Wiener Zoologisch-Botanischen Gesellschaft einen zündenden Vortrag, in dem er ein großzügiges Arbeitsprogramm entwarf. Er schloß: „Es ist eine Ehrensache Österreichs, das uns zugesprochene Burgenland und speziell das so viele ungelöste Probleme bietende Gebiet des Neusiedler Sees — insbesondere wegen seiner eventuellen Trockenlegung — baldigst wissenschaftlich zu erforschen: die wissenschaftliche Erforschung ist ja die Basis einer naturgemäßen Verwaltung und durch diese soll der Neuerwerb erst assimiliert und zu unserem wahren Besitz werden."

Der erstgenannte Verfasser hat von Stockmayer die Anregung empfangen, die er später als Leiter des Pflanzenphysiologischen Institutes in die Tat umzusetzen bemüht war. Einer geologisch-botanisch-zoologischen Gemeinschaftsarbeit von Franz, Höfler, Scherf (1937) folgten zunächst ökologische Untersuchungen an Blütenpflanzen von Repp (1939). Um jene Zeit war die Diatomeenphysiologie in den Interessenkreis des Pflanzenphysiologischen

[1] Medizinalrat Dr. S. Stockmayer 1868—1933. Vgl. den Nachruf von Keissler (1935).

Institutes getreten (HÖFLER und LEGLER 1939, HÖFLER 1940f., HOFMEISTER 1940). Zur Diatomeenflora des Sees lagen grundlegende Arbeiten floristisch-systematischer Richtung bereits vor: von GRUNOW 1860, 1862 aus der österreichischen Zeit, von PANTOCSEK 1912 aus der ungarischen Ära; es waren, nach STOCKMAYER, die einzigen zusammenfassenden Arbeiten über eine Algengruppe des Gebietes.

Im Jahre 1939 begannen gemeinsame Exkursionen mit Fritz LEGLER, der in Prag PASCHERS Assistent gewesen war und 1939 nach Wien gerufen wurde. Er wählte das Salzlachengebiet im Seewinkel zum Feld seiner Untersuchungen. Er ist 1942 in Rußland gefallen (vgl. HÖFLER 1956) und nur ein kleiner Teil seiner Ergebnisse ist in einer kurzen aber inhaltsreichen Arbeit „Zur Ökologie der Diatomeen burgenländischer Natrontümpel“ (1941) veröffentlicht worden. Er studierte die Wechselbeziehungen zwischen Chemismus und Mikroflora und unterscheidet im Gebiet vier hydrochemische Grundtypen von Gewässern mit unterschiedlicher Diatomeenflora; diese ist reich und eigenartig in den „Hydrokarbonat-“, arm in den „Karbonatlacken“, in beiden stark verschieden von der Flora der NaCl-Wässer. Seine Präparate und fixierten Algenproben verblieben im Pflanzenphysiologischen Institut. Daß dieselben nun durch den Meister der Diatomeenforschung Fr. HUSTEDT bearbeitet worden sind, hat LEGLER nicht erleben dürfen.

Über sonstige Algen, außer den Diatomeen, liegen für den Neusiedler See samt seinem Schilfgürtel schon einige Arbeiten vor. SCHILLER hat am landseitigen Ende des zum See führenden Ruster Kanals 1950/54 Planktonfänge durchgeführt und über Euglenen (1956) und Dinoflagellaten (1955) berichtet. LOUB (1955) studierte im September und Oktober 1952 und 1953 die Mikroflora des Schilfgürtels und beobachtete 350 (bestimmte) Algenarten in ihrem Zusammenleben in Biocoenosen.

Über die Algenwelt des noch reicheren und bunteren Salzlachengebietes ist – von physiologischen Arbeiten (DISKUS 1953, ÜBELEIS 1956) abgesehen – noch wenig veröffentlicht, obwohl seit der Schaffung der Kommission der Österreichischen Akademie der Wissenschaften zur Erforschung der Biologie des Neusiedler Sees Begehungen des Gebietes stattfanden und Algenaufsammlungen eingebracht wurden.

Die hier begonnene Mitteilungsreihe setzt sich zum Ziel, mit soziologischer Methodik (FETZMANN 1956) die Algenvergesellschaftungen zu untersuchen, die kennzeichnend für die so verschiedenartigen Biotope des Reviers sind, dabei aber nach Tunlichkeit alle Algengruppen zu berücksichtigen. Bei der soziologischen

Erfassung von Kryptogamenvereinigungen wird ja heute schon vielfach der Weg beschritten, daß die Kryptogamen nicht einfach als Bestandteile der Makrophytengesellschaften betrachtet, sondern selbständig untersucht werden (vgl. HÖFLER 1937, 1955, HÖFLER-FETZMANN-DISKUS 1957). In der Algensoziologie hat man sich schon früh füı diese Methode entschieden. So waren ALLORGE (1925f.) und MESSIKOMMER (1927f., 1942) gegen die Zusammenziehung von Algen und Makrophyten in einer Assoziation (wie z. B. bei GUINOCHET 1938). — Doch bleibt die Zuordnung der Algenvereine zu den Großraumgesellschaften von größter Wichtigkeit, da erstere vielfach ziemlich streng gewissen Makrophytengesellschaften zugeordnet sind (PANKNIN 1945) und nur in diesen vorkommen, wogegen andere Vereine über mehrere Assoziationen reichen oder auch allein als Einschichtgesellschaft auftreten können (BRAUN-BLANQUET 1951, S. 121).

Die Anthophytengesellschaften unseres Gebietes sind von WENDELBERGER (1950, vgl. 1959) in vorbildlicher Weise bearbeitet worden. Die Algenvereine jenen Großraumgesellschaften zuzuordnen, erscheint als ein dringendes Anliegen.

So mag sich der Versuch rechtfertigen, daß wir die soziologische Bearbeitung der Algenvereine in Angriff nehmen, bevor noch die floristische Erforschung des Gebietes abgeschlossen ist: Wären doch so reiche Neufunde, wie sie HUSTEDT (1959) an Diatomeen macht, wohl auch aus anderen Algengruppen zu gewärtigen, wenn jeweils ein Kenner gleicher Dignität die Durchforschung durchführen wollte. Allein es hat dahin wohl gute Weile.

Von ökologischer Seite ist unsere soziologische Tätigkeit durch LÖFFLERS (1957, 1959) auf breiter Grundlage geführte chemisch-limnologische Untersuchung der Seewinkel-Gewässer sehr gefördert worden.

Von seiten der Zoologie hat der Direktor des II. Zoologischen Institutes der Wiener Universität Wilhelm KÜHNELT mit seiner Schule zur Erforschung der Uferzonen und der Landtierfauna am meisten beigetragen. Auf gemeinsamer Tätigkeit unserer Institute fußt die Planung zu weiterer Erforschung des Salzlachengebietes.

Nachdem FETZMANN im Gebiet schon seit einigen Jahren algologisch tätig gewesen war, haben uns zumal vier Großexkursionen Material geliefert. Mit Benützung des Kleinautobus der Universität wurden immer mehrere räumlich voneinander entfernte Gewässer untersucht und jedesmal zahlreiche (um 50—70) Algenproben gesammelt, vor Erwärmung geschützt befördert und frisch am Abend ins Wiener Institut eingebracht. Hier wurden sie im Kühlbecken oder zwischen den Fenstern sachgemäß aufgestellt. Sie hielten sich dann wochenlang lebend.

Die Exkursionsteilnehmer waren:

Am 9. 11. 1957: K. Höfler, E. L. Fetzmann, Dr. Luise Höfler, Prof. R. Biebl, die Assistenten Dr. Url, Dr. Diskus, Dr. Hübl und cand. phil. W. Werth.

Am 29. 6. 1958: K. Höfler, Fetzmann, F. Hustedt, I. Findenegg, Doz. G. Wendelberger, Prof. E. Kann, L. Höfler, H. Löffler, E. Hübl.

Am 15. 11. 1958: K. Höfler, Fetzmann, Prof. Kühnelt, Dr. Gertrud Kühnelt, L. Höfler, Dr. E. Piffl, E. Hübl, cand. phil. G. Kramer.

Am 8. 3. 1959: K. Höfler, Fetzmann, L. Höfler, W. Url, Dr. E. Url, E. Hübl, S. Pruzsinszky, cand. phil. Uta Kovarik.

Zwei markante Algengesellschaften sollen im vorliegenden ersten Beitrag beschrieben werden.

1. Der Lyngbya Martensiana-Oscillatoria brevis-Verein (nobis)

Im unteren Uferbereich und Überschwemmungsraum der Sodalachen herrscht im Gebiet eine Großraumgesellschaft, die Wendelberger (1943, 1950, S. 106) als *Puccinellion salinariae* beschrieben hat. Der Verband umfaßt im Gebiet zwei Assoziationen, die *Puccinellia salinaria-Aster pannonicus*-Ass. (Soó 1940) Wend. 1943 und die *Puccinellia salinaria-Lepidium cartilagineum*-Ass. Wend. 1943. Das Zickgras selbst ist die beste Verbandscharakterart und kennzeichnend für nassen und zeitweilig überfluteten Solontschakboden. Die zweitgenannte Assoziation stellt höhere Salzansprüche; Wendelberger (1950, S. 113) unterscheidet vom Assoziationstyp die Puccinellia-Fazies: „*Lepidium cartilagineum* wird mit zunehmender Feuchtigkeit immer spärlicher, die *Puccinellia*-Horste dagegen werden üppig und hochwüchsig. Hier, auf dem dauernd feuchten und nassen Boden, finden die *Puccinellia*-Individuen das Optimum ihrer Entwicklung.“ Einzelne große Horste stoßen in das tiefere Wasser vor und dort finden sich außer dem Zickgras kaum mehr andere Gefäßpflanzen. Aber die Sockel der Horste und zum Teil auch der Lachenboden sind oft von einer blaugrünen Algenkruste bedeckt, die zur Gesamtassoziation so wesentlich dazugehört wie die Moosdecke zum Fichtenwald. Wir haben zuerst auf der Herbstexkursion am 9. November 1957 festgestellt, daß es eine bestimmte Kleingesellschaft ist, welche diese Decken zusammensetzt. Dieselbe war übrigens schon bei der ältesten Bearbeitung der Zickgraswiesen (Franz-Höfler-Scherf 1937, S. 318, Aufnahme 5) aufgefallen.

Wir beschreiben den Algenverein. Er findet sich besonders schön an der Fuchslochlache (Lache 26 bei Löffler 1957, 1959 und Hustedt 1959). Es ist dies eine der ständig getrübten, stark

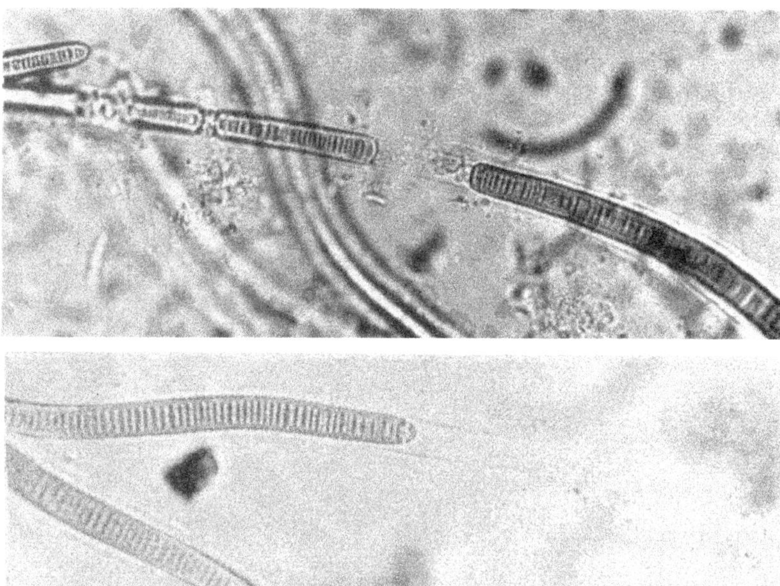

Fig. 1a und 1b. *Lyngbya Martensiana* aus der Lyngbya Martensiana-Oscillatoria brevis-Gesellschaft

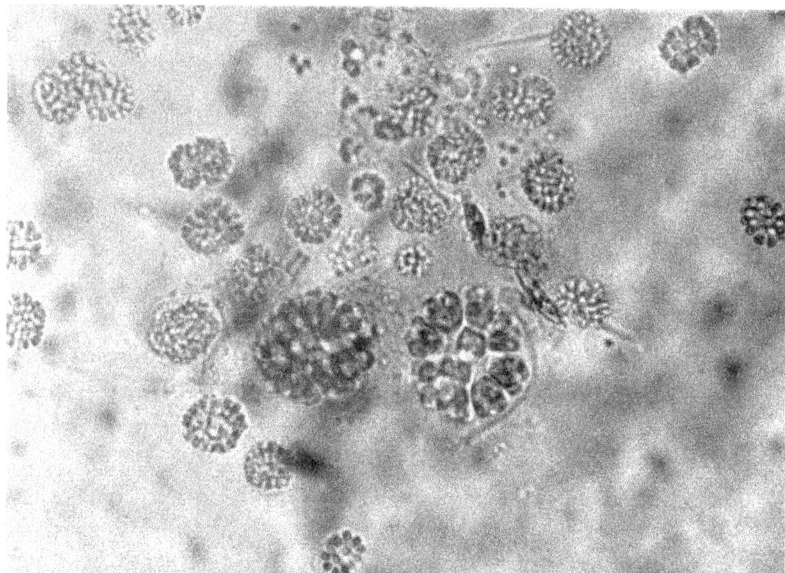

Fig. 2. Algengesellschaft aus der Szerdahelyerlache: *Gomphosphaeria aponina* (groß) und *Gomphosphaeria lacustris* (klein)

alkalischen Lachen, die sich durch hohes Säurebindungsvermögen (SBV) und hohes Leitvermögen auszeichnet, aber auch ziemlich hohen Na-, Chlorid- und Sulfatgehalt besitzt. Die Ufer sind flach, zum Teil von *Bulboschoenus maritimus* gesäumt und oft überschwemmt.

Auch die Stundlache (Nr. 27, Löffler l. c.) ist ein stark alkalisches Gewässer, ist ständig getrübt und wird teilweise von einem dichten Schilfgürtel umgeben (s. Tabelle I, S. 376).

Der herbstliche Aspekt vom 9. XI. 1957 und 15. XI. 1958 ist vom Vorfrühlingsaspekt, der am 8. III. 1959 beobachtet wurde, nur wenig verschieden.

Zum charakteristischen Artverband der Kleingesellschaft sind wohl *Lyngbya Martensiana*, *Oscillatoria brevis*, *O. animalis*, *Spirulina major*, *Euglena adhaerens* zu zählen. Die Artenliste wird durch weitere Untersuchungen sicher noch bereichert werden.

Chemische Analysendaten vom April, Juni und Oktober 1957 teilt Löffler (1959) mit:

Nr.	Zeit	K	SBV	DH°	Ca^{++}	Mg^{++}	Na^{++}	K^{+}	Cl^{-}	SO_4^{--}
26.	IV. 1957	3680	32,0	1,28	5	2,5	1050	8	165	529
	VI. 1957	4810	41,6	0,80	Spur	3,5	1240	10,5	212	623
	X. 1957	6200	54,8	0,56	1	1,5	1680	12,5	269	528
27.	IV. 1957	4520	36,8	1,36	4,5	3,1	1195	16	184	523
	VI. 1957	5640	27,6	0,68	3	1	1410	22	234	393
	X. 1957	7250	62,8	0,76	0,8	2,8	1840	23	302	458

Kennzeichnend ist die hohe Na-, die minimale Ca- und geringe Mg-Konzentration. Ein großer Teil leicht löslichen Salzes muß in Bikarbonat- (bzw. Karbonat-)form vorliegen.

Der Albersee (Nr. 39) ist durch noch höheren Salzgehalt ausgezeichnet (vgl. Löffler 1959, Hustedt 1959). In ihm findet sich eine eigene Variante, die u. a. durch reiches Vorkommen der anscheinend stärker halophilen *Spirulina major* unterschieden erscheint; die Einzelbeschreibung sei für später vorbehalten; doch wurde eine Aufnahme des Vergleiches halber unserer Tabelle angefügt (Probe Nr. 14).

Aus der Fuchslochlache hat nun Hustedt auf der erwähnten gemeinsamen Exkursion vom 29. Juni 1958 eine Bodenprobe (Schlammbelag im Seichtwasser) gesammelt, worin er folgende Diatomeen feststellt: *Amphora coffeaeformis* (hfg.), *Anomoeoneis costata*, *A. sphaerophora* (hfg.), *Navicula cincta*, *N. halophila*, *Nitzschia austriaca*, *N. communis* (hfg.), *N. fonticola* (hfg.), *N. romana*, *N. vitrea*, *Rhopalodia gibberula* (hfg.), *Surirella Höfleri* (hfg.),

Tabelle I

Entnahmeort	Fuchslochlache (Nr. 26)															Stundlache (Nr. 27)						Albersee (39)
Datum	15. XI. 1958									29. VI. 1958	8. III. 1959					15. XI. 1958		8. III. 1959				29. VI. 1958
Probenummer	36	37	38	39	41	42	43	44	45	5	15	30	38	41	42	46	48	23	24	26	28	14
Lyngbya Martensiana	1	1	2	1	2	1	2	2	2	2	3–4	3–4	2	+	3	1	+	1–2	1	1	1	5
Oscillatoria animalis	1	2	2	–	3	2	–	1	1	–	2	3	2	–	3	+	3	+	–	–	1	2
Oscillatoria brevis	2	2	3	1	3	3	2	–	–	4	3–4	–	2	–	1	–	4	4	4	4	4	–
Oscillatoria cf. *neglecta* 1 µ	–	–	–	–	–	–	–	–	–	3	1	–	2	–	2	–	–	+	1	1	–	–
Spirulina major	–	–	–	1	–	+	–	1	–	1	1	–	–	–	–	–	–	1–2	1	+	+	2–3
Euglena adhaerens	–	–	–	2–3	–	+	–	+	–	–	1–2	–	–	–	1	–	1	1	+	+	+	1–2
Phacus pyrum	–	–	–	2	–	–	–	–	–	–	+	–	–	–	–	–	1	+	+	+	+	–
Schizothrix delicatissima	–	3	3–4	–	2	–	–	–	2	–	–	–	–	–	–	–	–	–	–	–	–	–
Anabaena sp.	–	–	–	–	+	+	–	–	–	–	–	+	2	3–4	–	+	–	+	–	–	–	–
cf. *Phormidium Corium*	2	–	–	–	–	–	1	–	–	–	–	–	–	–	–	–	–	–	–	–	–	–
Lyngbya sp. 1—2 µ	1	–	–	–	–	–	–	–	–	–	–	–	–	–	–	–	–	–	–	–	–	–
cf. *Gomphosphaeria* sp.	–	+	–	–	–	–	–	–	–	–	–	–	–	–	–	–	–	–	–	–	–	–
cf. *Chlamydomonas* sp.	–	2	–	–	–	–	–	–	–	–	–	–	–	–	–	–	–	–	–	–	–	–
Oscillatoria cf. *amphigranulata*	–	–	–	–	–	1	–	1	–	–	–	–	–	–	–	–	–	–	–	–	–	–
Lyngbya cf. *Scotti*	–	–	–	–	–	2	1–2	–	–	–	–	–	–	–	–	–	–	–	–	–	–	–
Nostoc cf. *punctiforme*	–	–	–	–	–	–	1	–	2	–	–	–	–	–	–	–	–	+	–	–	–	–
Phacus Dangeardii	–	–	–	–	–	–	+	–	–	–	–	–	–	–	+	–	–	–	–	+	–	–
Oscillatoria sp. 2 µ	–	–	–	–	–	–	–	1	–	–	–	–	–	–	–	–	–	–	–	–	–	1
Oscillatoria coerulescens	–	–	–	–	–	–	–	–	+	–	–	–	–	–	–	–	–	–	–	–	–	–
Beggiatoa sp.	–	–	–	–	–	–	–	–	–	–	–	–	–	–	–	–	3	–	–	–	–	2–3
Pseudanabaena catenata	–	–	–	–	–	–	–	–	–	1	–	–	1	–	–	–	–	+	–	–	–	–
Synura uvella	–	–	–	–	–	–	–	–	–	–	–	+	–	–	–	–	–	–	–	–	–	–
Euglena sp.	–	–	–	–	–	–	–	–	–	–	+	–	+	–	+	–	–	–	+	+	–	–
Microcoleus chthonoplastes	–	–	–	–	–	–	–	–	–	–	–	1	–	–	–	–	–	–	–	–	–	–
Oscillatoria geminata	–	–	–	–	–	–	–	–	–	–	–	–	1	–	+	–	–	–	–	–	–	–
Nodularia spumigena	–	–	–	–	–	–	–	–	–	–	–	–	+	–	–	–	–	–	–	–	–	–
Gesamt-Diatomeen	–	–	2	2	–	–	–	1	–	2–3	1	–	3	+	1	–	–	1	1	1	1	1

S. peisonis (hfg.), *Synedra ulna.* — Die relativ artenarme Vergesellschaftung umfaßt also 14 sicherlich autochthone und für die Soda-Solontschaklachen besonders charakteristische Formen, wovon zwei von Hustedt neu beschrieben erscheinen: *Nitzschia austriaca* und *Surirella Höfleri.*

Auch die von uns bei anderer Gelegenheit gesammelten Algenkrusten enthielten Diatomeen in je nach Witterung und Jahreszeit verschiedener Menge. Es wird eine dankbare Aufgabe sein, auf Grund der Hustedtschen Bearbeitung der Frage nach der Zuordnung, vielleicht Bindung der Arten an den beschriebenen Blaualgenverein nachzugehen.

Aus dem Albersee (Nr. 39) enthielten Bodenproben vom 29. VI. und 8. XI. 1958 23 Diatomeenarten (vgl. Hustedt 1959), unter denen mesobionte und halophile Arten vorherrschen; Hustedt hat dort nicht weniger als zwei neue Arten (*Nitzschia diversa* und *Stauroneis Legleri*) gefunden, die bisher nur aus dem Albersee nachgewiesen sind.

Der beschriebene *Lyngbya Martensiana-Oscillatoria brevis*-Verein ist auf überspültem Solontschakboden weit verbreitet, aber er begleitet nicht alle Zickgraswiesen. Im weit ausgedehnten *Puccinellia*-Bestand im „Salzigen See" östlich von St. Andrä (Nr. 4 bei Löffler) wurde er am 8. III. 1959 vermißt; tieferer Wasserstand im Sommerhalbjahr könnte die Ursache sein.

Im Gebiet westlich der Einsetzlache fand sich am 8. III. 1959 auf der Unterseite von abgehobenen, jetzt leicht überfluteten Schuppen des Solontschakbodens eine artenreiche Kleingesellschaft mit vielen einzelligen Blaualgen (*Chroococcales*), die zu beschreiben und auf ihr jahreszeitliches Vorkommen zu untersuchen sein wird. Sie ist von unserem *Lyngbya Martensiana*-Oscillatorien-Verein wesentlich verschieden. Die Oberseite derselben Bodenschuppen trug nur abgestorbene, vergilbte Krusten von Algen, die in den vorangegangenen Frostwochen (bis 28. II.) wohl nicht durch Kälte — denn viele Blaualgen sind gefrierresistent (vgl. Höfler 1951) — sondern durch Austrocknung getötet worden sein dürften.

2. Der Botryococcus Braunii-Gomphosphaeria aponina-Verein (nobis).

Die Szerdahelyer Lache (Nr. 8 bei Löffler) ist eine der nicht getrübten Lachen. Sie hat ein relativ niedriges pH und ihr Wasser ist durch Humusstoffe braungefärbt, aber dennoch klar und durchsichtig. Der nur wenig schlammige Grund ist locker bestanden mit *Potamogeton pectinatus*, *Chara crinita* und *Utricularia vulgaris*,

Tabelle II.

Probenummern	Botryococcus Braunii-Gomphosphaeria aponina-Verein										Konjugaten-Watten					Tolypothrix-Flöckchen				Albersee
	1	2	7	8	21	24	13	14	15	17	3	4	5	18	20	12	19	22	23	14a
Botryococcus Braunii	1–2	2	2–3	2	1	+	1	1	3	1	2	1–2	2	1	+	+	1	+	1	–
Gomphosphaeria aponina	1	+-1	1	1	–	+	1	+	+	+	–	+	–	+	–	+	+	–	+	1
Merismopedia punctata	+	–	–	+	+	+	+	–	+	+	–	+	–	–	–	+	–	–	–	–
Closterium Dianae v. *elongatum*	–	+	+	+	–	+	+	+	–	+	–	–	–	+	–	–	+	–	–	+
Mougeotia sp. 13 μ	1	1	+	1	+	+	1	1	1	1	–	1	1	1	–	+	+	+	–	–
Eucapsis alpina	+	+	–	+	–	–	–	+	+	–	–	–	–	–	–	+	–	–	+	–
Cosmarium humile	1	1	–	+	–	–	+	+	+	1	–	+	–	–	–	+	–	–	–	–
Phacus acuminatus	–	–	–	+	+	–	1	–	+	–	–	–	–	–	+	–	–	+	–	1–2
Pediastrum Boryanum	–	–	+	–	–	–	–	–	–	+	–	+	+	–	–	–	–	+	–	–
Oscillatoria cf. *geminata*	+	–	+	+	+	+	+	–	–	+	–	+	–	–	–	–	+	+	–	1–2
Zygnema sp. 21,6 μ	1	–	1	–	–	–	1	1	1	+	–	–	–	–	–	+	–	–	–	–
Oedogonium sp. 10 μ	1	1	–	+	–	–	+	+	+	–	–	–	–	–	–	+	–	–	–	–
cf. *Cryptomonas* sp. sp.	+	–	–	+	+	–	1	1	1	+	–	–	–	–	–	–	–	–	–	–
Euglena sociabilis	+	–	–	–	+	–	1	+	+	–	–	–	–	–	–	–	–	–	–	–
Beggiatoa 2,6 μ	–	2	–	–	+	+	–	–	+	1	–	–	–	–	–	–	–	–	–	2
Lyngbya Martensiana	–	1	–	–	+	–	–	–	+	+	–	–	–	–	–	–	–	–	–	+
Spirogyra sp. 1 Bd., 17 μ	–	–	+	–	–	–	+	+	+	–	1	–	–	–	–	–	–	–	–	–
Spirogyra sp. 3 Bd., 32 μ	–	–	1	–	–	–	1	+	+	–	–	+	–	–	–	–	–	–	–	–
Phacus pyrum	–	–	+	–	–	–	1	–	+	+	–	–	–	–	–	–	–	–	–	–
Euglena viridis	–	–	+	–	–	–	+	–	–	4	–	+	–	–	–	–	–	+	–	–
Oocystis lacustris	–	–	–	+	–	–	–	–	+	+	–	–	–	–	–	–	–	–	–	–
Chroococcus turgidus	+	–	–	+	–	–	–	–	+	–	–	–	–	+	–	–	–	–	–	–

(Fortsetzung)

Probenummern	Botryococcus Braunii — Gomphosphaeria aponina — Verein										Konjugaten-Watten					Tolypothrix-Flöckchen				Albersee
	1	2	7	8	21	24	13	14	15	17	3	4	5	18	20	12	19	22	23	14a
Lamprocystis roseopersicinum	—	—	—	—	1	—	—	—	1	1	—	—	—	1	—	—	—	1	+	—
Kirchneriella lunaris	—	—	—	—	—	—	—	+	+	—	—	—	—	—	—	—	—	—	—	—
Ankistrodesmus falcatus	—	—	—	—	—	—	+	—	+	+	—	—	—	—	—	—	—	—	—	—
Scenedesmus sp.	—	—	—	+	—	+	+	—	+	+	—	—	—	—	—	—	—	—	—	—
Gomphosphaeria lacustris	1	+	1	1	—	—	—	—	—	—	—	—	—	—	—	—	—	—	—	5
Spirulina major	+	+	—	—	—	—	—	—	+	—	—	—	—	—	—	—	—	—	—	2
Cosmarium subcrenatum	+	—	—	+	—	—	+	—	—	—	—	—	—	—	—	—	—	—	—	—
Spirogyra sp. 26 µ	+	—	—	—	—	—	1	1	1	—	—	—	—	—	—	—	+	+	—	—
Cosmarium granatum	+	—	—	—	—	—	—	—	—	—	+	—	—	+	—	+	—	—	—	—
Mougeotia sp. 19 µ	+	+	1	—	+	+	1	—	1	—	3	2–3	2	—	—	—	—	—	—	—
Spirogyra sp. 1 Bd., 18 µ	—	—	—	—	—	+	—	—	—	—	1	+	+	+	—	—	—	—	—	—
Zygnema sp. 17 µ	—	—	—	—	—	—	—	—	—	—	2	2–3	3	—	+	—	—	—	—	—
Cosmarium botrytis	—	—	—	—	—	—	—	—	—	—	—	+	—	1	—	—	—	—	—	—
Mougeotia sp. 26 µ	—	—	—	—	—	—	—	—	—	—	—	—	—	4	4	—	—	—	—	—
Tolypothrix lanata	—	—	—	—	—	—	—	—	—	—	—	—	—	—	—	4	4	4	4	—
Pseudanabaena catenata	—	—	—	—	—	+	+	—	+	—	—	—	—	—	—	—	—	—	—	—
Staurastrum dilatatum	—	—	—	—	—	—	—	—	+	—	—	—	—	—	—	—	+	—	—	—
Aphanothece sp.	—	—	—	—	—	—	—	—	+	—	—	—	—	—	—	+	—	+	—	—
Campylodiscus clypeus	—	—	—	—	—	—	—	—	—	—	—	—	—	—	—	—	—	—	—	2
Gesamt-Diatomeen	4–5	4–5	3	3	2	2	2	2	2	2–3	2–3	2	1–2	1	1	1	3	3	2	4

Weiters kamen vor: In Probe 21: *Closterium pronum* cf. *Leibleinii*, *Cladophora* sp., *Macromonas bipunctata*; in Probe 24: *Cosmarium punctulatum*, *Euastrum insulare*; in Probe 15: *Tetraëdron trigonum*, *Cosm. granatum* v. *subgranatum*; vgl. dazu Skujas Liste; in Probe 17: *Euglena acus*; Probe 18: *Tetraëdron trigonum*; Probe 22: *Ophyocythium* sp.; Probe 14a: *Euglena acus*.

die selbst wieder reichlich Algen tragen. Die ufernahe Zone und ein Teil der inneren Lache ist mit *Phragmites communis* bestanden, dem in wechselnder Menge *Scirpus Tabernaemontani* und *Typha angustifolia* beigemengt ist. In LÖFFLERS (1959) Luftbild erscheint daher die Lache dunkler als die Natronwässer gefärbt. An lichteren Stellen des Röhrichts findet man einzelne Grünalgenwatten und flottierende Sprosse von *Utricularia vulgaris*, die von Algenmassen umhüllt sind, welche sich aus Benthosformen, abgesetzten Planktern und Epiphyten zusammensetzen.

In dieser Lache, die, bequem an der Autostraße gelegen, bei allen Exkursionen besucht wurde, findet sich eine sehr kennzeichnende Algenvereinigung, die von allen uns sonst aus dem Gebiet bekannten verschieden ist.

Allen gesammelten Proben gemeinsam sind *Botryococcus Braunii*, *Gomphosphaeria aponina* und *G. lacustris*, *Eucapsis alpina*, *Merismopedia punctata*, einige Desmidiaceen und etliche Diatomeen. Der artenreichste und bestentwickelte Bestand findet sich in den flottierenden Sprossen von *Utricularia*. Diese Pflanze ist gleichsam der Träger und selbst ein wichtiger, den Kleinbiotop bestimmender Bestandteil der Kleingesellschaft, ähnlich wie es in gewissen Hochmoorgesellschaften der Fall ist (HÖFLER-FETZMANN-DISKUS 1957, S. 57) und darf daher bei der Beschreibung der Gesellschaft nicht vernachlässigt werden. Der Verein findet sich in ähnlicher Ausbildung in der Szerdahélyer Lache auch an *Potamogeton pectinatus* und *Chara crinita*, die am Lachengrund festwurzeln (s. Tabelle II, S. 378/79).

Herr Prof. SKUJA war so gütig, einige ausgewählte artenreiche Proben aus unserer Ausbeute vom 15. XI. 1958, die lebend nach Uppsala gesandt wurden, zu untersuchen. Er hat darin folgende interessante Liste von Blaualgen, grünen Algen und Flagellaten festgestellt, von denen die Mehrzahl neu für das Salzlachengebiet bzw. für das österreichische Burgenland ist.

Probe	1	15
Lamprocystis roseo persicina	+ (hfg.)	+
Synechocystis septentrionalis	+	
Aphanothece Castagnei	+	
Aphanothece microscopica	+	
Chroococcus limneticus var. dispersus	+	
Chroococcus turgidus	+	+
Chroococcus tenax	+	
Eucapsis alpina	+	
Merismopedia punctata	+ (hfg.)	+
Merismopedia glauca	+	+

Probe	1	15
Merismopedia minima		+
Gomphosphaeria lacustris	+ (hfg.)	+
Gomphosphaeria aponia	+ (hfg.)	+
Coelosphaerium Kützingianum	+	
Chamaesiphon cylindricus f. gracilis	+	+
Oscillatoria geminata	+	
Oscillatoria sancta	+	
Lyngbya rigidula		+ (⁰)
Lyngbya Martensiana		+
Pseudananbaena catenata	+	
Anabaena sp. steril	+	
Calothrix epiphytica		+ (⁰)
Calothrix fusca		+ (⁰)
Asterocystis ornata		+ (⁰)
Gloeococcus Schroeteri	+	
Pediastrum Boryanum	+	+
Pediastrum tetras		+
Chlorella vulgaris	+	
Oocystis lacustris	+	
Crucigenia rectangularis	+	+
Scenedesmus acutus	+	
Scenedesmus ecornis	+	
Scenedesmus ecornis var. platydiscus		+
Scenedesmus armatus		+
Scenedesmus brasiliensis	+	
Scenedesmus quadricauda	+	
Steiniella Graevenitzii	+	
Selenastrum minutum	+	
Elakatothrix viridis		+
Ankistrodesmus falcatus var. radiatus	+	+
Oedogonium sp. steril	+	+ (⁰)
Bulbochaete sp. steril		+ (⁰)
Closterium acutum var. linea	+	
Closterium Dianae var. elongatum	+	
Closterium aciculare var. subpronum	+	
Cosmarium granatum	+ (hfg.)	+
Cosmarium granatum var. subgranatum	+	+
Cosmarium scopulorum Borge	+	
Cosmarium phaseolus	+	
Cosmarium depressum	+ (hfg.)	+
Cosmarium depressum var. planctonicum	+	+
Cosmarium Meneghinii	+	
Cosmarium Regnellii	+	
Cosmarium humile	+ (hfg.)	+
Cosmarium punctulatum	+	+
Cosmarium punctulatum var. subpunctulatum	+	+

Probe	1	15
Cosmarium botrytis var. subtumidum	+	
Cosmarium tetraophthalmum	+	
Cosmarium abscissum Grönbl.		+
Cosmarium synostegos var. obtusum		+
Cosmarium reniforme		+
Cosmarium subcrenatum		+
Euastrum insulare	+	
Staurastrum dilatatum	+	
Staurastrum punctulatum var. ellipticum	+	
Zygnema sp.	+	+
Mougeotia sp.	+	+
Spirogyra sp.	+	+
Botryococcus Braunii	+ (hfg.)	+
Hexamitus tremelloranis	+	
Euglena viridis	+	
Euglena sociabilis	+	
Euglena tripteris	+	
Phacus acuminatus		+
Phacus ichtydion Pochmann		+
Phacus aenigmaticus		+
Phacus agilis		+
Astasia kathemerios	+	+
Anisonema acinus		+
Notosolenus obliquus	+	+
Notosolenus apocamptus		+
Peranema trichophorum		+
Urceolus cyclostomus		+
Entosiphon sulcatum	+	
Bodo ovatus	+	
Cryptaulax acopos Skuja	+	
Cryptaulax vulgaris		+
Monas sp.		+
Cryptomonas erosa		+
Cryptomonas ovata		+
Cryptomonas Marssonii		+
Cyathomonas truncata		+
Glenodiniopsis uliginosa		+

In der Liste der Probe 15 sind die von SKUJA als echte Epiphyten angesprochenen Formen mit (⁰) bezeichnet.

Einen Kleinverein für sich bildet *Tolypothrix lanata*, die im Schilfbestand schwarzgrüne Flöckchen bildet. Auch diese beherbergen die Charakterarten *Botryococcus Braunii*, *Gomphosphaeria aponina*, *Eucapsis alpina* und andere, wenn auch nur spärlich; vgl. Probe 12, 19, 22, 23 in der Tabelle. Auch nach dem Winter hatte sich diese Kleinbiocoenose erhalten. Die Analyse von vier schwebenden *Tolypothrix*-Flocken, die wir am 8. III. 1959 sammelten, ergab:

Tabelle III.

Probenummern	52	53	53b	55
Tolypothrix lanata	4–5	4–5	4–5	4–5
Gomphosphaeria aponina	–	+	+	+
Oscillatoria neglecta 1µ	+	+	+	1
Botryococcus Braunii	–	+	1	+
Characium cf. *ornithocephalum*	+	–	+	–
Pediastrum Boryanum	–	+	+	–
Merismopedia punctata	–	+	+	–
Cosmarium botrytis	+	–	–	–
Beggiatoa arachnoidea	+	–	–	–
cf. *Schizothrix* sp.	–	+	–	–
Cosmarium punctulatum	–	+	–	–
Eucapsis alpina	–	–	+	–
Mougeotia sp.	–	–	–	+
Scenedesmus sp.	–	–	–	+
Cosmarium Meneghinii	–	–	–	+
Gesamt-Diatomeen[1]	2	2	2–3	2–3

Dieser *Tolypothrix-Gomphosphaeria-Botryococcus*-Kleinverein hebt sich indes wohl vom Typus der Algengesellschaft als Variante mit dominanter *Tolypothrix* nicht stärker ab als im Bereich der Großraumgesellschaften etwa die „Fazies" vom Typus der Assoziation.

Ähnliches gilt für die (bisher nicht fruchtend gesammelten) Konjugatenwatten, die manchmal recht ansehnliche Größe erreichen. Vgl. Aufnahme 3, 4, 5, 18, 20 in der Tabelle II. Auch hier finden sich die Hauptvertreter der Gesellschaft wieder.

Eine Ursache dafür, daß diese Artenverbindung sich in der Szerdahelyer Lache auf weite Strecken in ähnlicher Ausbildung findet, liegt wohl darin, daß diese Lache durch die häufigen Stürme durchmischt wird. Der hohe Schilfbestand schützt zwar etwas vor der Windwirkung, doch kann man das klare bräunliche Wasser an stürmischen Tagen bis nahe zum Grund aufgewühlt treffen.

Die Diatomeen wurden in unseren Tabellen nur in ihrer Gesamtheit bewertet, da ja die Bearbeitung dieser Gruppe durch HUSTEDT schon im Gange war. Übersieht man lebende Präparate, so fallen besonders *Rhopalodia gibba*, Epithemien, *Nitzschia sig-*

[1] An großen Diatomeen: *Nitzschia sigmoidea*, *Rhopalodia gibba*, *Epithemia* sp., *Navicula radiosa*, *Pinnularien*, *Fragilaria*-Bänder und *Diatoma elongatum*, als Aufwuchs *Gomphonema* und massenhaft *Achnanthes* cf. *minutissima*.

moidea, *Navicula radiosa* und *N. oblonga* auf. — HUSTEDT hat die Kieselalgen aus 5 Proben vom Dezember 1956 (leg. LÖFFLER) und vom Juni und November 1958 (ipse legit) untersucht. Die Zusammensetzung wies nur geringe Unterschiede auf. Er kann (1959) eine Liste von insgesamt 64 Arten und 4 Varianten mitteilen; darunter befinden sich nur 17 Halophyten und von diesen sind nur *Navicula cincta* und *Cymbella pusilla* häufig. Von den übrigen sind 15 Formen halophil, 2 Synedren euryhaline Mesohalobier. „Der höhere Gehalt an Ca und Mg findet seinen deutlichen Ausdruck in dem häufigen Auftreten von *Epithemia argus*, *Mastogloia Smithii* und *Rhopalodia gibba*."

LÖFFLER hat das Wasser der Szerdahelyer Lache durch mehrere Jahre untersucht. Wir zitieren mit seiner Erlaubnis schon hier Analysenwerte aus seiner neuen Arbeit:

	K	SBV	DH⁰	Ca^{++}	Mg^{++}	Na^{+}	K^{+}	Cl^{-}	SO_4^{--}
IV. 1957	940	9,7	17,7	36	55	117	7	21	62
VI. 1957	1050	11,05	20,84	32	71	129	7	21	76
VI. 1958	1170	12,4	29,15	33,5	81	145	7	24	96
X. 1958	1020	11,0	20,68	30,5	71	124	5	22	61
XI. 1958	985	8,6	18,80	31	63	97	9	32	80

Die Werte liegen für Calcium und deutsche Härtegrade (in starkem Gegensatz zu den Sodawässern) hoch und gleichmäßig hoch, für Natrium in mäßiger, für Chlor in bescheidener Höhe, für Sulfat niedrig. Zahlreiche, wenig sodaresistente Organismen finden hier Lebensmöglichkeit. —

Wir möchten annehmen, daß der Reichtum der Algenflora, die Wohlausgeglichenheit der Gesellschaft ihren Grund im günstigen Chemismus, zumal im gut äquilibrierten Ionengleichgewicht und relativen Ca-Reichtum des Gewässers hat, daß aber auch historische Faktoren hinzukommen. Der Südanteil der Lache wurde von uns und den anderen Exkursionsteilnehmern oft durchschritten; die inneren Teile sind immerhin so tief, daß sie niemals austrocknen. Bohrungen im Lachenboden werden vielleicht darüber Aufschluß geben können, ob die floristisch und faunistisch bevorzugte Szerdahelyer Lache auch in Trockenperioden und etwa auch in den Jahrzehnten des 19. Jahrhunderts, als der Neusiedler See selbst großenteils trocken lag, ihr Wasser kontinuierlich behalten hat.

Die Arbeit im Salzlachengebiet wird fortgesetzt. Andere von uns untersuchte Algen-Kleingesellschaften sollen in folgenden Beiträgen beschrieben werden.

Literatur.

Allorge, P., 1925: Sur quelques groupements aquatiques et hygrophiles des Alpes du Briaçonnais. Festschrift C. Schröter, Veröff. d. Geobot. Inst. Rübel in Zürich, 3. H., S. 108.

Braun-Blanquet, J., 1951: Pflanzensoziologie, II. Aufl., Springer-Verlag Wien.

Diskus, A., 1953: Zum Osmoseverhalten halophiler Euglenen vom Neusiedler See. Sitzgsber. d. Österr. Akad. d. Wiss., math.-nat. Kl., Abt. I, 162, 171.

Fetzmann, E. L., 1956: Beiträge zur Algensoziologie. Sitzgsber. d. Österr. Akad d. Wiss., math.-nat. Kl., Abt. I, 165, 709.

Franz, H., Höfler, K. und Scherf, E., 1937: Zur Biosoziologie des Salzlachengebietes am Ostufer des Neusiedler Sees. Verhandl. d. Zool.-Bot. Ges. Wien, 86/87, 297.

Geitler, L., 1932: Cyanophyceae. Rabenhorsts Kryptogamenflora Bd. 14.

Grunow, A., 1860: Über neue oder ungenügend gekannte Algen. Verhandl. d. Zool.-Bot. Ges., Wien, 10, 503.

— 1862: Die österreichischen Diatomaceen. Ebenda, 12, 315, 545.

Guinochet, M., 1938: Etudes sur la végétation de l'Etage alpin dans le Bassin Supérieur de la Tinee. Comm. S. I. G. M. A., 1939.

Höfler, K., 1937: Pilzsoziologie. Ber. d. Deutsch. Bot. Ges., 55, 602.

— 1940: Aus der Protoplasmatik der Diatomeen. Ebenda, 58, 97.

— 1951: Zur Kälteresistenz einiger Hochmooralgen. Verhandl. d. Zool.-Bot. Ges., Wien, 92, 234.

— 1955: Über Pilzsoziologie. Vortrag, anläßlich der Wiener Mykologentagung gehalten in der Zool.-Bot. Ges. Wien. Ebenda, 95, 58.

— 1956: Fritz Legler (Nachruf). Ber. d. Deutsch. Bot. Ges. 68a, 193.

— und Legler, F., 1939: Über die Salzresistenz einiger Diatomeen aus dem Franzensbader Mineralmoor. Beih. Bot. Centralbl. 60, A, 327.

— Fetzmann, E. L. und Diskus, A., 1957: Algen-Kleingesellschaften aus den Mooren des Eggstädter Seengebietes im Bayerischen Alpenvorland. Verhandl. d. Zool.-Bot. Ges., Wien, 97, 53.

Hofmeister, L., 1940: Mikrurgische Studien an Diatomeen. Ztschr. f. wiss. Mikroskopie, 57, 259.

Hustedt, F., 1959: Die Diatomeenflora des Salzlackengebietes im österreichischen Burgenland. Sitzgsber. d. Österr. Akad. d. Wiss., math.-nat. Kl., Abt. I, 168, 387.

Keissler, K., 1935: Siegfried Stockmayer. Ein Nachruf. Verhandl. d. Zool.-Bot. Ges., Wien, 85, 140.

Kühnelt, W., 1955: Zoologische Untersuchungen an den Salzlacken des Seewinkels. Anzeiger d. math.-nat. Kl. d. Österr. Akad. d. Wiss., Jg. 1955, 257.

Legler, F., 1941: Zur Ökologie der Diatomeen burgenländischer Natrontümpel. Sitzgsber. d. Österr. Akad. d. Wiss., math.-nat. Kl., Abt. I, 150, 45.

Löffler, H., 1957: Vergleichende limnologische Untersuchungen an den Gewässern des Seewinkels (Burgenland). I. Der winterliche Zustand der

www.ingramcontent.com/pod-product-compliance
Ingram Content Group UK Ltd.
Pitfield, Milton Keynes, MK11 3LW, UK
UKHW021927190726
13853UKWH00002B/887

* 9 7 8 3 6 6 2 2 4 5 8 3 5 *